Il paraîtra chaque mois une livraison de cet ouvrage : elle sera composée de huit planches.

On s'attachera à reproduire avec soin les caractères distinctifs de chaque oiseau, quelque légers qu'ils paraissent; leur grandeur réelle sera exactement indiquée; on suivra, pour leur classification, l'ordre établi par les auteurs modernes.

Tous les oiseaux d'Europe sont dessinés et coloriés d'après la belle collection que possède M. Delahaye, Conservateur de la Bibliothèque d'Amiens. Les dessins sont revus et corrigés sur les observations de cet amateur distingué.

Les livraisons conserveront le format grand in-4°, et seront en tout semblables à la première. Le nombre total devrait être de cinquante six; mais l'Auteur, dans l'intérêt des Souscripteurs, a jugé à propos de la réduire à cinquante, en plaçant deux sujets sur la même planche, pour les oiseaux de la plus petite dimension.

Désirant procurer aux amateurs le *Recueil Complet* de tous les oiseaux connus, M. L. Swagers fera paraître incessamment la collection des Exotiques, dessinés et coloriés d'après les sujets du cabinet d'histoire naturelle de Paris.

Les livraisons seront du même format, et contiendront le même nombre de planches. Les conditions de l'abonnement étant aussi les mêmes, on pourra souscrire pour les deux ouvrages ensemble ou séparément.

Les oiseaux sont dessinés dans une proportion plus grande que celle généralement adoptée; ce qui permet de n'omettre aucun détail; plusieurs d'entre eux seront représentés de grandeur naturelle.

Le prix de l'abonnement pour chaque livraison est fixé à *trois francs*; on ne paye rien d'avance. Les livraisons seront envoyées *franco* dans tous les départemens; une personne sera chargée, dans chaque ville, de remettre l'ouvrage aux Souscripteurs et d'en recevoir le prix.

Les premières demandes doivent être adressées à M. Swagers, Professeur de Dessin, à Amiens (Somme.)

AMIENS, IMP. DE R. MACHART, PLACE PÉRICORD, N.° 1.

COLLECTION

COMPLÈTE

DES OISEAUX D'EUROPE,

Dessinés et Coloriés d'après Nature,

PAR E. SWACERS.

LITHOGRAPHIE DE A. LEPRINCE.

Amiens,

1ᵉʳ Janvier 1833.

SUITE DE L'ORDRE PREMIER.

RAPACES — *Rapaces.*

AIGLE JEAN LE BLANC. (Falco Brachydactylus.)

Il habite les grandes forêts du nord de l'Europe ; on le voit peu en Allemagne et en Suisse, quelquefois en France, jamais en Hollande.

Il se nourrit de lézards, surtout de serpens qu'il préfère ; il dévore aussi les oiseaux, les poules, les pigeons, et autres volailles domestiques.

Il place son nid sur les arbres élevés, pond deux ou trois œufs d'une couleur grisâtre.

AIGLE A TÊTE BLANCHE. (Falco Leucocephalus.)

Il se trouve dans les régions du cercle Arctique, et est très-rare dans les autres contrées.

On présume qu'il se nourrit ordinairement de poissons vivans ; mais captif, il mange de la chair.

On ignore où il dépose ses œufs.

AIGLE BOTTÉ. (Falco Pennatus.)

Il habite les parties orientales ; est de passage en Autriche, en Moravie, et dans quelques provinces de la Russie.

Il mange des insectes, aussi des petits quadrupèdes et oiseaux

Il niche en Hongrie, vers les monts Crapacs, dans des lieux inaccessibles.

AIGLE IMPÉRIAL. (Falco Imperialis.)

Son cri est sonore ; il habite les vastes forêts sur les montagnes, dans les parties orientales et méridionales, on en voit beaucoup en Égypte et sur les côtes de Barbarie ; il est assez commun en Hongrie, en Dalmatie et en Turquie.

Il se nourrit de gros oiseaux, de mammifères, chevreuils, renards, etc.

Il niche sur les plus hauts arbres des forêts ou sur des rochers élevés.

Il pond deux œufs d'un blanc sale.

FAUCON PÉLERIN. (Falco Peregrinus.)

Il habite sur les rochers des diverses parties de l'Europe ; on en voit beaucoup en Allemagne et en France.

Il se nourrit de perdrix, faisans, canards, et autres gros oiseaux.

C'est dans les crevasses des rochers qu'il dépose ses œufs, au nombre de trois ou quatre ; ils sont d'un jaune rougeâtre, avec quelques taches brunes.

FAUCON HOBEREAU. (FALCO SUBBUTEO.)

Il habite les bois près des champs, et se trouve communément dans plusieurs parties de l'Europe ; il émigre l'hiver.

Il se nourrit, l'été, de scarabées, et dans les autres saisons, de divers petits oiseaux, surtout d'alouettes.

Il fait son nid sur les plus hauts arbres, quelquefois dans les fentes des rochers, pond trois ou quatre œufs bleuâtres, d'une forme ronde ; blancs, mouchetés de gris, et de petits points de couleur olive.

FAUCON GERFAUT. (FALCO ISLANDICUS.)

Il se trouve dans l'Islande : c'est de ce pays qu'on le transporte en Danemarck pour la fauconnerie royale.

Il fait sa proie de gros oiseaux, souvent de petits quadrupèdes ; sur lesquels il fond avec une grande promptitude, en se laissant tomber en ligne presque droite.

Il niche sur des rochers très-élevés et d'un abord impossible, aussi ne peut-on connaître sa ponte.

FAUCON ÉMÉRILLON. (FALCO ÆSALON.)

Il habite les forêts dans les parties montagneuses ; on le voit le plus ordinairement en hiver.

Il se nourrit de petits oiseaux.

Il place son nid dans les fentes des rochers, ou sur les arbres ; pond cinq œufs, rarement six ; ils sont de couleur blanchâtre, veinés à l'un des bouts d'un brun verdâtre.

AMIENS, IMP. DE R. MACHART, PLACE PÉRIGORD N.° 1.

SUITE DE L'ORDRE PREMIER.

RAPACES — *Rapaces.*

FAUCON CRESSERELLE. (FALCO TINNUNCULUS.)

Il se trouve communément dans toute l'Europe ; habite les vieux bâtimens en ruines et les clochers.

Il mange les grenouilles, lézards, souris, mulots, des petits oiseaux et des insectes.

Il place son nid dans les crevasses de vieilles murailles, souvent dans les trous de vieux chênes, ou autres arbres ; pond trois ou quatre œufs, d'un jaune roux, marqué de grandes et petites taches rougeâtres.

FAUCON CRESSERELLETTE. (FALCO TINNUNCULOIDES.)

Il habite les contrées orientales et méridionales, est de passage en Hongrie, en Autriche ; il abonde dans le royaume de Naples, en Sicile, en Sardaigne, on en voit aussi dans le midi de l'Espagne.

Il mange des scarabées et autres grands insectes, quelquefois des petits oiseaux.

Il fait son nid dans les fentes des rochers, communément en Sicile et près de Gibraltar.

FAUCON À PIEDS-ROUGES OU KOBEZ. (FALCO RUFIPES.)

Il habite les bois et les broussailles ; est commun en Russie, en Pologne, en Autriche, dans le Tirol et en Suisse, très-rare en France.

Il se nourrit de scarabées et autres insectes, on ignore où il dépose ses œufs.

AUTOUR (FALCO PALUMBARIUS.)

On le voit dans les bois de sapins, situés sur les montagnes ; il est très-commun en France, en Allemagne, en Russie et en Suisse.)

Il fait sa proie de jeunes lièvres, taupes, souris, écureuils, jeunes oies et autres volailles, on prétend qu'il dévore aussi de jeunes oiseaux de son espèce.

Il niche sur les arbres élevés, pond deux œufs, quelquefois quatre, d'un blanc bleuâtre marqué de raies et de taches brunes.

EPERVIER. (FALCO NISUS.)

Il habite les montagnes, les bois et les buissons près des champs, et se trouve abondamment dans toute l'Europe.

Il se nourrit de taupes, souris, lézards, limaçons, aussi de grives, allouettes, cailles et autres oiseaux.

Il fait son nid sur les arbres, pond de trois à quatre œufs d'un blanc sale marqué de taches rousses.

MILAN ROYAL. (Falco Milvus.)

Il se trouve dans les différentes contrées de la France, de l'Italie, de la Suisse et de l'Allemagne ; il émigre en automne.

Il mange des taupes, rats, serpens, lézards et des insectes, quelquefois des poissons morts qui flottent à la surface des eaux.

Il niche sur les arbres ; pond trois ou quatre œufs blanchâtres faiblement marqués de taches d'un roux jaunâtre.

MILAN NOIR OU PARASITE. (Falco Alter.)

On en voit en Allemagne, rarement en France et en Suisse, beaucoup près de Gibraltar et en Afrique.

Il préfère les poissons à toute autre nourriture.

Il place son nid sur les arbres ; pond trois ou quatre œufs d'un blanc jaunâtre avec des taches brunes très-multipliées et fort rapprochées.

BUSE. (Falco Buteo.)

Cet oiseau se voit dans les bois touffus près des champs et est très-commun dans toutes les parties boisées de l'Europe.

Il a le vol lourd et ne saisit jamais sa proie à tire-d'ailes, mais se place en embuscade et dévore les jeunes lièvres, lapins et les volailles, il se nourrit aussi de souris, rats, mulots, taupes, serpens, grenouilles et gros insectes.

On trouve son nid sur les vieux chênes ou les vieux bouleaux, il pond trois ou quatre œufs d'un blanc verdâtre marqué de quelques taches brunes.

(Nota.) On a pas représenté ici le FAUCON LANIER décrit par Buffon et d'autres auteurs, parceque, d'après les observations du plus grand nombre des naturalistes, il a été reconnu que cet oiseau n'est autre que le FAUCON PÉLERIN pris avant l'âge adulte.

AMIENS, IMP. DE R. MACHART, PLACE PÉRIGORD N.° 1.

SUITE DE L'ORDRE PREMIER.

RAPACES — *Rapaces.*

BUSE PATTUE. (FALCO LAGOPUS.)

Elle habite les lisières des bois qui se trouvent près des marais et des eaux ; elle est commune, en automne et en hiver, dans le nord de l'Europe.

Sa nourriture se compose de rats-d'eau, hamsters, taupes, jeunes lapins et volailles, aussi des serpens et des grenouilles.

Elle place son nid sur de grands arbres ; pond quatre œufs nuancés de rougeâtre.

BUSE BONDRÉE. (FALCO APIVORUS.)

Elle se trouve dans les contrées orientales, en France, dans les Vosges et dans le Midi ; c'est un oiseau de passage.

Elle se nourrit de souris, mulots, taupes, hamsters, oiseaux, reptiles, et d'insectes.

Elle niche dans les forêts sur les arbres élevés ; pond de petits œufs, d'un blanc jaunâtre, marqué de grands espaces bruns-rougeâtres, souvent totalement de cette couleur, de manière que le blanc peut à peine se distinguer.

BUSARD HARPAYE, (FALCO RUFUS, ou de marais.)

Il habite les roseaux et les buissons près des marais, des rivières et des lacs ; commun dans toutes les contrées où il se trouve des marais ; il émigre en automne.

Il mange les jeunes oiseaux d'eau, grenouilles, souris, limaçons et des poissons.

Il fait son nid à terre, caché dans les roseaux ou dans les buissons près des eaux ; pond trois ou quatre œufs blancs d'une forme ronde.

BUSARD-SAINT-MARTIN. (FALCO CYANEUS.)

Il se trouve en France, en Allemagne, en Angleterre et en Hollande, dans les bois près des rivières, ou des marais.

Il fait sa proie de grenouilles, souris, lézards et autres petits quadrupèdes, aussi de petits oiseaux d'eau.

Il place son nid à terre dans les bois marécageux ou dans les joncs ; pond quatre ou cinq œufs d'un blanc bleuâtre.

BUSARD MONTAGU. (FALCO CINERACEUS.)

Il habite de préférence les contrées orientales ; est très commun en Hongrie, en Pologne, en Silésie et en Autriche, aussi en Dalmatie et dans les provinces Illyriennes.

Il se nourrit de petits oiseaux, et surtout de reptiles. Il niche dans les bois voisins des marais ; pond quatre ou cinq œufs blancs.

CHOUETTE LAPONE. (Strix Lapponica.)

Elle habite seulement en Laponie.

On ne connaît pas les mœurs de cet oiseau ; très-rare dans les contrées civilisées du nord de l'Europe.

Cette Chouette, ainsi que celle que nous allons citer, voit bien le jour et poursuit sa proie.

CHOUETTE HARFANG. (Strix Nictea.)

Elle habite les régions du cercle Arctique ; commune en Hollande. On la voit quelquefois dans le nord de l'Allemagne.

Elle se nourrit de lièvres, rats, souris, des grands tétras, des lagopèdes et autres oiseaux.

Elle niche sur les rochers escarpés ou sur les antiques pins des régions glaciales ; pond deux œufs d'un blanc pur.

CHOUETTE DE L'OURAL. (Strix Uralensis.)

Elle habite les régions Arctiques dans la Laponie ; le nord de la Suède et de la Russie ; on la trouve aussi en Livonie et en Hongrie.

Elle se nourrit de mulots ; souris, lagopèdes, et petits oiseaux.

Elle fait son nid dans les trous des arbres assez souvent près des habitations ; pond trois ou quatre œufs d'un blanc pur.

AMIENS, IMP. DE R. MACHART, PLACE PÉRIGORD N.º 1.

Aigle commun.

1/4 de nature.

Petit Aigle ou Aigle criard
1/3 de Nature.

Balbusard Aigle
⅓ de Nature.

Le Gypaète, ou Aigle barbu.

1/5.e de Nature.

Catharthe alimoche.

1/3 de Nature.

Vautour griffon
1/5.º de natur.

Vautour arrian

15.ª de nature.

Aigle pygargue.
1/4 de Nature.

Aigle Jean Leblanc.

⅓ de Nature.

Aigle à tête blanche.

1/4 de Nature.

Aigle botté

⅓ de Nature.

Aigle impérial

1/4 de Nature.

Faucon-pèlerin.

1/2 *de Nature.*

Faucon hobereau

1/2 de Nature.

Faucon-gerfaut

1/3 de Nature.

Faucon émérillon

2/5.° de Nature

Faucon cresserelle.

½ de Nature.

Faucon cresserellette.

1/2 de Nature.

Faucon à pieds rouges, ou Kobez.
¹⁄₂ de Nature.

Autour

1/2 de Nature.

Épervier.

3/4 de Nature.

Milan royal.

⅓ de Nature.

Milan noir ou parasite.

1/3 de Nature.

Buse.

½ de Nature.

Buse pattue,
1/3 de Nature.

Buse bondrée,
1/3 de Nature.

Busard Harpage ou de Marais,
1/3 de Nature.

Busard St Martin.
1/3 de Nature.

Busard Montagu.
1/3 de Nature.

Chouette Laponc.

1/3 de Nature.

Chouette Harfang,
1/4 de Nature.

Chouette de l'Oural.

1/4 de Nature.